AF454200

SEMOIR

EN LIGNES A LA CHARRUE,

ou

LABOURAGE ET SEMAILLES SIMULTANÉS,

Par le Dr **VIGNERON**,

Président de la Société d'Agriculture de l'arrondissement de Toul,
membre du Conseil-Général de la Meurthe.

C'est le travail et non la dépense,
qui fait la bonne culture. [PLINE.]

———◦◦◦———

TOUL,

CHEZ Vᵉ BASTIEN, IMPRIMEUR-LIBRAIRE,

RUE MICHATEL; Nº 546.

—

1844.

AUX PARTISANS DES SEMIS EN LIGNES.

Les opinions des praticiens instruits sont partagées sur la préférence à accorder aux semailles en lignes sur celles à la volée : je ne prétends pas vider le différend, car si je pratique les premières, je m'arrête souvent d'admiration devant les dernières, quand elles ont été faites dans des terres bien préparées, bien conditionnées. J'y cherche souvent en vain des herbes parasites, assez développées pour nuire aux céréales, souvent je n'y vois pas places vides : je dis après Virgile ; *Non licet inter nos,* etc. et dans mon incertitude, j'intitule mes quelques lignes :

RETOUR, POUR LE SEMIS EN LIGNES DES CÉRÉALES ET AUTRES GRAINES, A LA SIMPLICITÉ, A LA FACILITÉ, A L'ÉCONOMIE.

Depuis que j'ai le goût des champs, goût que l'âge mûr amène ordinairement, j'ai cherché à procurer à nos laboureurs des moyens économiques dont, en général, ils ont besoin.

J'avais fait avec la même machine,

Une brouette de ferme, un semoir mécanique à cheval à sept lignes à la fois, et un sarcloir à toute profondeur et à tous intervalles entre les lignes de semis ; mais cette machine, quoique fonctionnant bien, et réduite, pour le prix, à moitié de celui de ses pareilles, est aujourd'hui une conception inutile et superflue, comme toute autre de son espèce ; j'ai perdu après elle 15 ans de peines et de dépenses ; il ne restera d'elle, et de ses semblables peut-être, que des modèles curieux, destinés à meubler des arsenaux agricoles, à prouver l'une des erreurs de l'esprit humain, et à préserver des séductions de la nouveauté quelques agrophiles.

Je joins ma réprobation à l'accusation de fragilité, dressée contre elle par des agronomes, à sa simple inspection et dans son enfance, et je tâcherai de donner des formes robustes à la petite machine que je produis aujourd'hui en sa place, mais je prierai les amateurs d'en juger le système et le but, à part de sa fabrication, qui en province est désespérante, et exige des corrections sans fin.

———————————

Les descriptions de machines étant en général difficiles pour les auteurs, mais fort ennuyeuses pour les lecteurs : j'engage ceux qui préfèrent l'agréable à l'utile, de ne pas ouvrir ma brochure : les figures leur montreront ce qu'ils veulent savoir, ce qu'un coup-d'œil peut apprendre.

SEMOIR
EN LIGNES A LA CHARRUE,

ou

LABOURAGE ET SEMAILLES SIMULTANÉS,

Par le Dʳ VIGNERON,

Président de la Société d'Agriculture de l'arrondissement de Toul, membre du Conseil-Général de la Meurthe.

C'est le travail et non la dépense,
qui fait la bonne culture. [Pline.]

PRÉCEPTES GÉNÉRAUX.

§ 1ᵉʳ. Toute charrue retourne une tranche de terre plus ou moins large, épaisse et directe, suivant la consistance du sol, la composition de l'instrument, la sécheresse ou l'humidité de la saison, suivant l'opinion du laboureur sur le mérite des labours superficiels ou profonds, son habileté et la force de son attelage.

Plus une charrue retourne nettement une tranche de terre et évide la raie, mieux elle fonctionne : plus la tranche est étroite, meilleur est le travail, parce que la terre s'ameublit plus aisément, et que les racines des plantes s'y développent mieux.

§ 2. Dans un labour à la charrue et dans des terres consistantes, les tranches de terre s'inclinent les unes sur les autres du plus au moins ; et, en conséquence de cette disposition, la surface de la première tranche est recouverte, au moins à sa base, par la tranche suivante, ainsi de suite.

§ 3. Après le labour à la charrue, on sème à la volée dans notre pays, et on herse ; mais la herse souvent ne peut que gratter, attaquer les arêtes des tranches, et en détacher un peu de terre émiettée, qui est portée à glisser avec les semences dans le large sillon à parois inclinées, formé par la rencontre de deux tranches.

Sur le milieu des tranches, ainsi inclinées, les dents de la herse creusent bien quelques rainures, dans lesquelles se logent et s'arrêtent des graines ; mais celles-ci, placées ou trop superficiellement, ou dans une terre trop compacte, viennent ordinairement mal.

Il ne vient à bien, il n'y a de bien productives, que les graines glissées dans le fond des sillons : c'est là qu'elles sont mieux placées ; qu'elles sont en contact avec la terre meuble, qui a reçu l'influence des météores célestes ; c'est là aussi qu'elles sont couvertes mieux et plus uniformément.

Dans les terres siliceuses et meubles, on observe un pêle-mêle, une dissémination plus prononcée des semences sur le sol ; néanmoins, on voit toujours du plus au moins, un certain alignement des plantes ainsi que le rigolement de la charrue.

§ 4. Quoi que nous fassions, quels que soient les perfectionnements de nos charrues, nous aurons toujours avec elles des semis en lignes plus ou moins marquées, surtout dans les terres compactes.

Soumettons-nous donc aux résultats inévitables de nos moyens de culture et de la nature de notre sol, et tâchons d'en tirer le meilleur parti possible.

§ 5. Avec les semoirs mécaniques en lignes que nous possédons, et que nous faisons traîner par un cheval, instruments si savants, mais si chers ; si compliqués, mais si rarement employés, nous avons voulu économiser la semence, la placer mieux, pouvoir donner des cultures légères et promptes entre les lignes de semis, détruire, par ces cultures, les herbes parasites ; nous avons voulu pouvoir rechausser les plantes ; favoriser leur tallement, et tenir les terres en bon état de propreté et de culture pour l'avenir. Honneur et reconnaissance aux inventeurs de ces savants instruments, et surtout à Mathieu de Dombasle et à MM. Hugues de Bordeaux et L. Poirot de Valcourt. Ces instruments sont beaux, bons et praticables, mais, il faut le confesser, trop difficiles, trop appliquants, trop élégants, pour la masse des cultivateurs, et surtout beaucoup trop chers (1).

§ 6. Je viens faire, avec une charrue ce que font tous les semoirs mécaniques les plus compliqués, je viens

(1) Ces instruments coûtent de 4 à 500 francs, tel celui de

semer en lignes sans cheval, ni hommes, ni temps exprès, avec un modeste attirail, ajusté à la première
charrue venue, et qui pourra se fabriquer au village
par les ouvriers ordinaires : je viens semer toutes
sortes de graines, grosses ou fines, à toutes profondeurs, à tous intervalles et à toutes quantités ; je
place mes graines dans le lieu du labour, où se trouve
la meilleure terre, la plus meuble, la plus imprégnée
des gaz atmosphériques fertilisants ; je le fais en labourant, c'est ma charrue qui conduit mon semoir.

§ 7. Je ne herse pas ; la chaîne, ou les coutres à ailettes d'abord, puis les pluies, les brouillards, et enfin
les petites gelées hersent pour moi. Les crêtes des tranches de terre s'émiettent d'abord, puis les sillons se
remplissent, le sol s'égalise, et enfin les plantes déjà
bien placées, se rechaussent encore de terre ameublie
par le temps.

§ 8. Pour semer à la charrue, je ne fais pas avec elle
de tranche de terre de plus de $0^m,16$ à $0^m,20$ et $0^m,24$
de largeur. C'est à l'un de ces intervalles que j'aime à
établir mes lignes de céréales, et d'autres graines fines.
Tout laboureur que j'emploie, se façonne bien vite à
mesurer de l'œil, et à prendre régulièrement avec sa
charrue une largeur de raies uniforme.

Je convie par là les cultivateurs, à labourer dans de
meilleurs principes qu'ils n'ont l'habitude de le faire
pour le labour des semailles ; je les fais labourer à raies
étroites.

M. Hugues de Bordeaux, et 290 francs au plus bas prix, tel
celui de Mathieu de Dombasle, de douloureuse mémoire, lorsqu'ils sèment 7 lignes à la fois et qu'ils sont traînés par un cheval.

Je fais tout cela, à part moi, avec un modeste semoir de 30 fr.,
que j'attache à toute charrue en bois.

Je n'admets pas, pour notre pays et notre sol, l'usage général
des semoirs en lignes, distincts de la charrue pour les céréales.
Ils ne sont admissibles que dans des terrains, des années et des
positions exceptionnels ; tandis que celui que j'attache à la charrue, fait de beau et bon travail pour le semis de toutes sortes de
plantes sarclables.

Je vais néanmoins parler du semis de céréales comme de celui
de toutes autres plantes ; chacun avisera à son gré : qui peut plus,
peut moins.

Si je veux semer à de grands intervalles entre les lignes, je ne laisse échapper ma semence, qu'à chaque 2, 3 ou 4 tranches, ou coups de charrue ; je me règle, pour fixer l'espacement, sur la largeur de ces tranches et le développement de la graine que je sème.

§ 9. Je donne plus tard entre mes lignes, avec un sarcloir quelconque, des cultures plus ou moins profondes, suivant la nature de ma graine, l'état du sol et celui de la saison.

Il m'importera peu, lors de ces petites cultures, que deux lignes ne soient pas toujours parallèles dans toute leur longueur, le sarcloir à deux socs, ou à deux lignes à la fois, triomphe facilement de ces irrégularités.

DESCRIPTION ET ESQUISSE RAPIDE DES PIÈCES DE L'APPAREIL DE MON SEMOIR EN LIGNES.

Ces pièces consistent en une glissoire (1) qui porte et élève au plus haut de l'appareil, sur deux fourches de fer, une boîte à semences ; en un arbre de fer de la grosseur du doigt, qui, couché sous cette boîte, reçoit sur sa gauche une poulie, et à sa droite une rouelle creusée de godets sur sa circonférence ; en une lanière étroite en cuir de 2 mètres de longueur, en un entonnoir plat et des tubes de tôle ou de fer blanc ; et enfin en un coutre, un soc et une baguette de bois léger. (*Fig.* 2).

Première Disposition. § 10. J'adapte cet appareil à toute charrue vulgaire, en bois et à avant-train, qu'elle soit haute ou basse, grosse ou petite.

Je commence par faire creuser sur mes charrues, au gros bouge du moyeu de la roue de droite, entre ses deux frettes ; une gorge plate, circulaire, de 6 à 7 millimètres de profondeur, pour recevoir la lanière de cuir précitée.

Quand les charrues ne m'appartiennent pas, je substitue à cette gorge fixe, une gorge mobile circulaire,

(1) Pièce de bois transversale qui termine en arrière le bâtis de l'avant-train, ainsi appelée parce que l'âge glisse sur elle ; elle est distante des roues, de 0^m,16, plus ou moins.

faite d'un cuir fort, avec des rebords latéraux, et portant une forte boucle à un bout et une patte à l'autre pour la serrer sur la roue. Je complète sa fixation par 3 ou 4 petits clous à tête, reçus dans autant d'œillets en cuir ou fer blanc, qui partent çà et là du bord externe de la gorge. (*Fig.* 2, et 9, *y, y*).

Je pose ensuite ma glissoire, armée ou non de l'appareil de mon semoir, derrière celle de la charrue que je vais employer, et je l'y fixe vers les deux extremités, avec deux doubles brides en fer qui les étreignent toutes deux de trois côtés, et qui reçoivent par le côté libre, un coin de fer chassé à coups de marteau. A ce moyen les deux glissoires juxta posées ne sont qu'un tout inébranlable. Une forte broche de fer implantée sur la face supérieure de la mienne, vers son tiers droit, est destinée à résister au choc latéral de l'âge de la charrue, quand celle-ci, étant au bout du sillon fait en endossant, retourne trop court à droite (*fig.* 1re, *u, u*).

Deuxième Disposition. § 11. Ma glissoire (*fig* 1re, *a a,*) qui est carrée, et porte 7 centimètres d'épaisseur sur chaque face, présente sur ses faces antérieure et postérieure, vers le tiers externe de sa longueur, deux rangs de trois trous carrés, placés l'un derrière l'autre, et distans l'un de l'autre de 0^m,08, ou un peu plus (*fig* 1re, *b b b*): ils sont destinés à recevoir, les antérieurs, les manches d'un coutre, les postérieurs, ceux d'un soc semeur. Sur son corps, et dans sa ligne médiane, ma glissoire est encore percée de deux autres trous carrés verticaux, pratiqués à une distance de 0^m,30 l'un de l'autre.

Dans ces derniers trous, j'enfonce solidement les manches de deux fourches de fer à deux branches droites, écartées de 0^m,10 ; et j'arrête ces manches en dessous de la glissoire par deux fortes clavettes (*fig.* 1re, *c*).

§ 12. Ces deux branches de chaque fourche s'élèvent perpendiculairement et parallèlement de la hauteur de 0^m,20 à 0^m,30 (*fig.* 2, *d d*); elles embrassent, entre leurs quatre bras, une boîte en ferblanc, pouvant contenir de 20 à 30 litres de semences (*fig.* 2, *e e*). Ces branches sont bridées chacune d'avant en arrière par une baguette de fer qui les unit ; elles sont placées à une hauteur inégale. Celle de la fourche gauche est plus élevée que celle de droite, parce que ces baguettes devant porter la boîte, et le fond de celle-ci s'inclinant de gauche à droite pour favoriser vers ce point l'écoulement des semences, il fallait qu'il en fût ainsi.

§ 13. Cette boîte a le fond percé à droite, d'une ouverture carrée et alongée de derrière en devant, pour recevoir une partie de la circonférence d'une rouelle à semences qui doit l'occuper et la fermer.

Et au bas de sa paroi postérieure, se présente une fente transversale pour laisser passer une plaque carrée et longuette de tôle ; cette plaque, que j'appelle de retenue d'après ses usages, glisse de devant en arrière horizontalement, dans deux coulisses parallèles, établies dans l'intérieur de la boîte, aux côtés de son ouverture du fond ; Cette plaque couvre ou découvre la portion de la rouelle qui fait saillie à travers cette ouverture. Cette lame de retenue sert à permettre ou à arrêter le semis ; soit pendant le travail, soit quand on veut vider la boîte pour changer de semences (*fig.* 1, *f*).

§ 14. Sous les premières baguettes qui lient les branches de chaque fourche, dans la même direction qu'elles, mais sur un même niveau, s'en trouvent deux autres plus fortes, pourvues chacune à leur milieu d'un coussinet, pour recevoir les extrémités d'un arbre rond en fer poli, de la grosseur du doigt, et de $0^m,32$ de longueur, avec une vive arête sur sa longueur.

§ 15. Cet arbre, couché transversalement sous la boîte, entre ces dernières baguettes, et d'une fourche à l'autre, peut se placer et se déplacer à volonté. Il reçoit, sur sa moitié gauche, une poulie à gorge, sur sa circonférence, et, sur sa moitié droite, une rouelle à godets à semences, aussi sur sa circonférence. Ces deux pièces entrent sur l'arbre par son petit bout. La poulie s'y place la première, un cran pratiqué au trou central de chacune, reçoit la vive arête de l'arbre, et le tout tourne ensemble (*fig.* 1 et 7, *g, h, i, j*).

La poulie placée sur la moitié gauche de l'arbre, a la faculté de pouvoir glisser à droite ou à gauche, pour pouvoir être mise, sur toute charrue, vis-à-vis la gorge du moyeu ; la rouelle au contraire, est toujours fixée au même point de son arbre, et de plus, elle l'est encore par l'introduction d'une partie de sa circonférence dans l'ouverture que j'ai dit exister au fond de la boite à semences (§ 12).

§ 16. La rotation de ces deux pièces est soumise à l'influence d'une lanière de cuir, qui passant de la gorge circulaire de la roue de la charrue à celle de la poulie, imprime à celle-ci les mouvements de celle-là. Cette poulie fonctionne à découvert sous la boîte, tandis que la rouelle à semences est cachée en partie dans la boîte même, en partie dans l'entonnoir (*fig.* 2, *k k*).

§ 17. Mes rouelles à semences (*fig.* 3, *l l*) ont toutes la même épaisseur et le même diamètre $0^m,2$ sur $0^m,9$. Chacune d'elles est creusée sur sa circonférence de godets, ou arrondis, ou transversaux, de diverses profondeurs et espacements. Etant placées sur l'arbre horizontal, engagées dans son arête d'une part, et dans l'ouverture du fond de la boîte à semences de l'autre, elles tournent entre les bords d'un cadre de cuir fort et épais, qui les lèche des quatre côtés, (*fig.* 4), les presse mollement en tous sens, racle légèrement la surface des godets à semences, et empêche celles-ci de passer entre les rouelles et ce cadre de cuir (1).

Ces rouelles, au nombre de 8 à 10, peuvent satisfaire à toutes les exigences du semeur. Leurs godets sont rapprochés et contigus pour les semis continus ; ils sont distancés pour les semis espacés.

On n'en emploie jamais qu'une à la fois.

On les déplace pour les changer, puis on les replace sur l'arbre à son gré ; mais il faut préalablement avoir fermé la boîte avec sa plaque de retenue, sans quoi la semence fuirait par l'ouverture du fond que la rouelle ne boucherait plus (§ 12).

---

(1) Ce cadre est formé de deux lamelles de cuir faisant équerre. Il est reçu dans des coulisses pratiquées aux bords de l'ouverture du fond de la boîte, il y est assujetti par des vis de pression qui le rapprochent ou l'éloignent à volonté de la rouelle à semences. On peut en mettre deux, l'un dans la boîte sous la plaque de retenue, l'autre au-dessous, de sorte que les graines les plus fines ne puissent passer que par les godets.

Ces rouelles sont si faciles à faire au tour en l'air ; leurs godets sont si faciles à commencer au villbrequin et à polir à la gouge ; elles coûtent si peu, qu'on peut bien en avoir de prêtes pour toute épaisseur et espacement de semis.

Troisième Disposition. § 18. Des deux lignes de trous carrés de ma glissoire, dont j'ai parlé au paragraphe 10, les antérieurs reçoivent, l'un ou l'autre, un coutre (*fig.* 2 *s.*); les postérieurs reçoivent, l'un ou l'autre, un soc semeur (*fig.* 2, *t*); le coutre se place toujours devant le soc, quand on l'emploie, car il n'est pas toujours indispensable ; il ne l'est que dans les terres tenaces, difficiles, mouillées, pour ouvrir au soc semeur un passage plus facile dans le sol.

§ 19. Ce coutre est un long couteau présentant son tranchant en avant, et courbé à la réunion du tranchant avec le manche ; ce manche, carré et très solide, va à tous les trous de la glissoire, où il est retenu par de fortes brochettes sur les faces supérieures et inférieures de la glissoire.

Le soc semeur est aussi un long couteau, mais droit, ayant aussi son tranchant en avant, et portant le long de son dos un tube en fer battu échancré par derrière ; il tient à son trou de la glissoire où on l'a placé, de la même manière que le coutre, et va comme lui à tous les trous.

Tous deux, le coutre et le soc, s'élèvent et s'abaissent de toute la longueur de leurs manches dans les trous de la glissoire, suivant l'élévation des roues de la charrue, et la profondeur du sillon qu'on en exige.

Quatrième Disposition. § 20. Sous l'ouverture du fond de la boîte et sous l'arbre, est appliqué contre la fourche externe, et en dedans d'elle, le pavillon aplati d'un entonnoir en ferblanc (*fig.* 2 et 5, *m m,*) qui, évasé par le haut, se termine par le bas en un tube, qui aboutit au tube du soc semeur. Il faut avoir plusieurs de ces tubes qui s'emboîtent l'un dans l'autre, de presque toute leur longueur ; il faut en avoir un ou deux de supplément, pour en fournir à toute charrue si haute qu'elle soit, et en garnir l'espace depuis l'entonnoir jusqu'au tube du soc semeur. (*fig*s. 1re. 2 et 5, *n, n, n.*)

§ 21. Sous la face inférieure de ma glissoire, j'ai
fixé, avec de fortes vis, deux doubles crampons contigus (*fig.* 1ʳᵉ, *oo*) ; ils reçoivent, celui de droite, un
décrottoir qui est mobile de derrière en devant, pour
pouvoir s'approcher ou s'éloigner de la roue à décroter,
(*fig.* 2° *p*), il est retenu en sa place par de petites brochettes de fer. Le second crampon, celui de gauche, reçoit le bout antérieur d'un bras (*fig.* 2, *q q*), qui sup-
porte une longue baguette d'un bois léger; celle-ci tient
par son bout antérieur à la plaque de retenue des semences (*fig.* 2°, *r*), s'alonge vers le laboureur placé aux
mancherons de sa charrue, et va jusqu'à portée de sa
main ; mais comme elle serait exposée, par le fait
même de sa longueur, à trop vaciller dans les terres
motteuses et dures, pour empêcher cette vacillation,
le bras qui part du crampon de gauche, va l'empoi-
gner le plus loin possible pour la fixer comme avec
une main. Cette baguette a le bout postérieur libre
et en l'air : le laboureur, en la tirant à lui, tire aussi la
plaque qui couvre la rouelle saillante dans la boîte, et
lui laisse prendre de la semence pour la donner à l'entonnoir. En la poussant devant lui, au contraire, il
pousse la plaque de retenue sur la rouelle, celle-ci tourne
toujours sous la plaque, mais sans pouvoir rien prendre
dans la boîte. La communication n'existe plus entre la
boîte et l'entonnoir, et par ce procédé bien simple, le
laboureur est maître de semer ou de ne pas semer.

PLACEMENT SUCCESSIF DES PIÈCES DE L'APPAREIL.

§ 22. Ce placement se concevra aisément d'après ce
qui a été dit : 1° S'il n'y a pas de gorge pour la lanière
de pratiquée à demeure sur le gros bouge de la roue
droite de la charrue, j'en applique une postiche, puis
je fixe solidement derrière la glissoire de cette charrue,
avec deux fortes brides et des coins de fer, celle qui
doit porter tout mon appareil (§ 9).

2° J'enfonce ensuite dans ses deux trous mitoyens
percés suivant sa longueur, les deux manches des deux
fourches de fer, et je les y assujétis par en dessous
avec de fortes clavettes. Je leur confie alors la boîte
à semences, qui est bien étreinte entre leurs branches
(§ 10 et 11).

Sous cette boîte, je couche en travers, l'arbre de fer, qui a reçu la poulie d'abord, puis la rouelle à semence; je l'introduis par ses extrémités dans les coussinets qui lui sont destinés. J'ai soin que la rouelle à semences entre un peu dans le fond de la boîte, et que le cadre de cuir lèche bien les côtés et la circonférence de cette rouelle (§ 12, 13 et 16).

Je m'assure que la lame de retenue des semences, glisse bien d'avant en arrière dans ses coulisses, sur la portion de rouelle saillante, que je tiens couverte, et que je ne découvre que quand je veux semer (§ 20).

4° Je place et assujétis un soc et un coutre, si j'en emploie un, dans les trous que je leur destine sur la glissoire (§ 17 et 18).

5° Je termine par le placement de l'entonnoir plat sous la rouelle à semences, contre le dedans de la fourche droite, et j'ajuste à son bout tel nombre de tubes il me faut pour rejoindre celui du dos du soc semeur (§ 19).

Je n'emploie le décrottoir que quand la terre est humide et adhère aux roues.

J'emploie toujours le bras et la baguette qu'il soutient. Le bras est enfoncé et fixé dans son crampon; la baguette est par un bout, tenue avec une forte épingle à la plaque de retenue, qui proémine hors de la boîte, et son autre bout est libre du côté du laboureur; mais son milieu repose sur une fourche et une pointe qui terminent le bras (§ 20).

COMBINAISON.

§ 23. La charrue marchant, la lanière qui y est appliquée fait tourner la poulie et la rouelle: celle-ci prend des semences dans la boîte, quand le laboureur placé aux mancherons, a un peu tiré à lui la baguette pour découvrir la rouelle saillante; celle-ci, par sa rotation, les rend à l'entonnoir, d'où elles sont transmises ou directement par lui, ou intermédiairement par un ou plusieurs tubes, à celui du soc semeur, qui leur trace un sillon dans le sol et les y dépose (§ 19). Est-il un mécanisme plus simple et plus facile?

SUITE DES PRÉCEPTES GÉNÉRAUX.

§ 24. Dans le cas de labour à gauche, les diverses pièces du semoir trouvent à gauche un placement convenable dans les trous de la partie gauche de la glissoire, mais on ne pourrait placer le coutre, à moins de lui faire un trou particulier, ce qui est néanmoins très facile. Ce ce cas n'est point un obstacle à la mise en œuvre de mon semoir, soit que la charrue laboure à gauche ou à droite.

§ 25. Le coutre et le soc, soit qu'on les emploie ensemble, soit qu'on emploie le soc sans le coutre, ne se placent pas indifféremment dans les trous de la glissoire :

La ligne des semailles se fait sur l'avant-dernière tranche de terre, et avant que la dernière, que la charrue va former, ne fournisse, par son renversement, la terre meuble qui doit recouvrir cette dernière rigole de semis. On a d'autant moins de terre meuble pour recouvrir la dernière ligne de semis, qu'on place son soc plus en dehors de la charrue, plus près du bout droit de la glissoire; je prends ordinairement sa place dans le trou mitoyen de la glissoire, ou dans le premier de gauche.

On conçoit que plus on sème en dehors de la charrue, moins la bande de terre que celle-ci forme, aura de terre meuble à déverser, à projeter sur la ligne de semis, et moins celui-ci en sera couvert; il sera des cas où il faudra en recueillir aux alentours de cette ligne, au moyen d'une grosse chaîne fixée à la glissoire, et traînant derrière la ligne que l'on sème (*fig*°. 1re *et* 2°, *t' t' t'*), et même dans les années humides , ou dans certains sols trop argileux , l'on ne trouve pas assez de terre meuble, au moyen de la chaîne traînante, pour bien en recouvrir la semence (1).

§ 26. L'émission des semences est subordonnée sans doute à la marche de la charrue, et surtout au placement de la plaque de retenue; mais la quantité de cel-

(1) Dans ce cas, je place dans les trous de la glissoire, voisins de celui qui reçoit le soc semeur, des coutres courbés en arrière, au lieu de l'être en avant; ils sont garnis à leur pointe d'ailettes obliques, qui grattent le sol sur les côtés et un peu en arrière de ce soc, et rejettent sur les semences toute la terre qu'ils peuvent détacher des bandes de terre.

les-ci à distribuer sur une longueur linéaire donnée, est subordonnée à l'ampleur des godets de la rouelle choisie, et non à la vitesse ou à la lenteur de la charrue.

L'espacement des lignes de semis est subordonné à la largeur les bandes de terre : plus les bandes sont étroites, plus les lignes de semis sont nombreuses. Ainsi, avec des raies étroites et des rouelles à godets amples, on fera un semis aussi épais qu'on voudra.

§. 27. Soit qu'on laboure en érayant, ou en enrayant, c'est-à-dire en commençant de labourer le champ par les côtés ou par son milieu, les dernières lignes de semis peuvent paraître trop distancées des précédentes ; surtout quand on a placé son soc semeur dans le dernier trou de droite de la glissoire, et même dans l'avant-dernier : on peut remédier à cet inconvénient au moyen d'une ligne supplémentaire, qui se fera en repassant la charrue dans la dernière raie faite, et en mettant le soc semeur dans le premier trou de la glissoire ; mais on ne gratte alors le fond de la raie avec le soc de la charrue, que pour avoir un peu de terre meuble, pour recouvrir cette dernière ligne, qui n'est pas aussi bien placée que les autres, mais qui laisse moins de vide dans le champ.

§ 28. Quand le laboureur veut retourner sa charrue par la droite, en semant avec mon semoir, il doit la porter de manière que le corps de l'âge n'aille pas heurter contre le semoir, car il serait possible que la broche de la glissoire et la branche de la fourche gauche, quoique très solides, ne résistassent pas au choc latéral de l'âge dans un sol dur et motteux : chaque outil exige un mode d'emploi particulier, voilà le mien.

§ 29. Pour calculer la quantité de semences de

Dans les mains d'un laboureur qui voudrait continuer à labourer à très larges raies, et semer en même temps, mon semoir devrait pouvoir semer deux lignes à la fois sur chaque coup de charrue : cela est très possible, il faut avoir un trou de plus au fond de la boîte à semences, une seconde rouelle, un entonnoir, un soc et une série d'entonnoirs doubles.

Peu importerait la distance des deux trous et des deux rouelles, il suffirait de distancer les socs à volonté et convenablement : les entonnoirs leur porteraient les semences, par la facilité qu'ont les tubes de s'incliner vers eux.

toutes sortes de grosseurs que je veux distribuer par chaque ligne, je mesure le diamètre de ma roue de charrue; il est ordinairement, dans celles de notre pays, de 0^m,60 ou 0^m,70, et alors elle parcourt à chaque tour une longueur de 180 ou 210 centimètres.

Je remplis ensuite, avec la graine que je veux semer, un des godets de la rouelle que j'ai choisie, je passe la racloire, je compte les grains qu'elle contient, et en multipliant leur nombre par celui des godets que ma rouelle porte, le produit est la somme des grains usés pour chaque étendue linéaire de 180 ou 210 centimètres de surface.

Il ne faut pas, en général, trop ménager la semence.

§ 30. A la maison, avant d'aller au travail, on fixe la glissoire sur la charrue, et sur la roue de celle-ci on fixe la gorge de cuir, s'il n'y en a pas de creusée sur le moyeu. On met en place les fourches, la boîte et l'arbre sous-jacent avec sa poulie et une rouelle convenable. Dans la boîte se placent la lanière, l'entonnoir et les tubes. On retourne le soc et le coutre dans les trous gauches de la glissoire, la pointe en l'air. Enfin on couche la baguette le long de la glissoire.

Sur les lieux on met la semence dans la boîte, on place la lanière de cuir, on retourne et on fixe le coutre et le soc à une hauteur proportionnée à celle de la charrue et à la profondeur où l'on veut placer la semence. On finit par la baguette, l'entonnoir et les tubes.

Pour revenir des champs, on vide la boîte, et on remet les diverses pièces dans la place qu'elles avaient pour y aller.

§ 31. Je dirais bien encore un mot sur ma houe, car cet instrument est indispensable dans l'emploi du semoir en lignes; elle est très simple, peu coûteuse, et elle peut être conduite par un ou deux hommes ou par un cheval; mais avant, je dois proclamer tout le mérite des herses de Thaër, de MM. Guillaume et Hugues de Bordeaux, et surtout celle de Mathieu de Dombasle, dégarnie de son soc antérieur.

La mienne, dont je donne le dessin (*fig.* 6), est une longue brouette triangulaire, dont la base, en arrière, reçoit le conducteur entre ses brancards, et dont le sommet, tronqué en avant, porte au bout de chaque brancard une petite traverse percée de trois trous carrés, pour recevoir deux, quatre ou six socs ; ces socs sont des couteaux courbes sur leur plat, à manches carrés et longs, pour entrer dans ces trous. (*fig.* 6 et 8). Ces traverses offrent entre elles un écartement de 0^m,8 à 0^m,12, pour laisser un libre passage aux lignes de plantes, dont ils cultivent les entre-lignes.

Je m'abstiens de plus longue description, parce que nous avons assez d'instruments déjà, et que je veux suivre ma devise :

SIMPLICITÉ, FACILITÉ, ÉCONOMIE.

CONCLUSION.

J'ai dit que je semais par tous les temps, et dans tous les sols où la charrue peut pénétrer : j'ai dit que je semais à toute profondeur, à toute épaisseur, à tout espacement désiré : j'ai dit que je le faisais avec facilité et économie de semences, d'outils, de peine, de temps ; je fais tout cela mal peut-être? je laisse à d'autres de faire mieux, et de perfectionner mon œuvre ; car je ne prétends pas donner un outil ni un système parfaits ; je n'aspire qu'à être utile, à faire de bon ouvrage, et à le faire sans grande dépense, parce que l'économie fait le premier profit.

POST-SCRIPTUM.

Mon système qui doit froisser des opinions, des réputations, des pratiques et des intérêts établis depuis long-temps, éprouvera de fortes critiques, je m'y attends ; mais il en triomphera, j'espère.

Je répondrai aux objections qu'on me fera par lettres affranchies ; je le ferai avec laconisme, conviction et bonne foi, mais je ne soutiendrai pas de polémique : je donnerai des développemens à mes idées exposées si brièvement dans ma brochure, mais je laisserai au temps et à l'expérience, à faire prévaloir un fait de pratique que la pratique seule peut confirmer ou détruire.

Toul, Imprimerie de Ve BASTIEN.

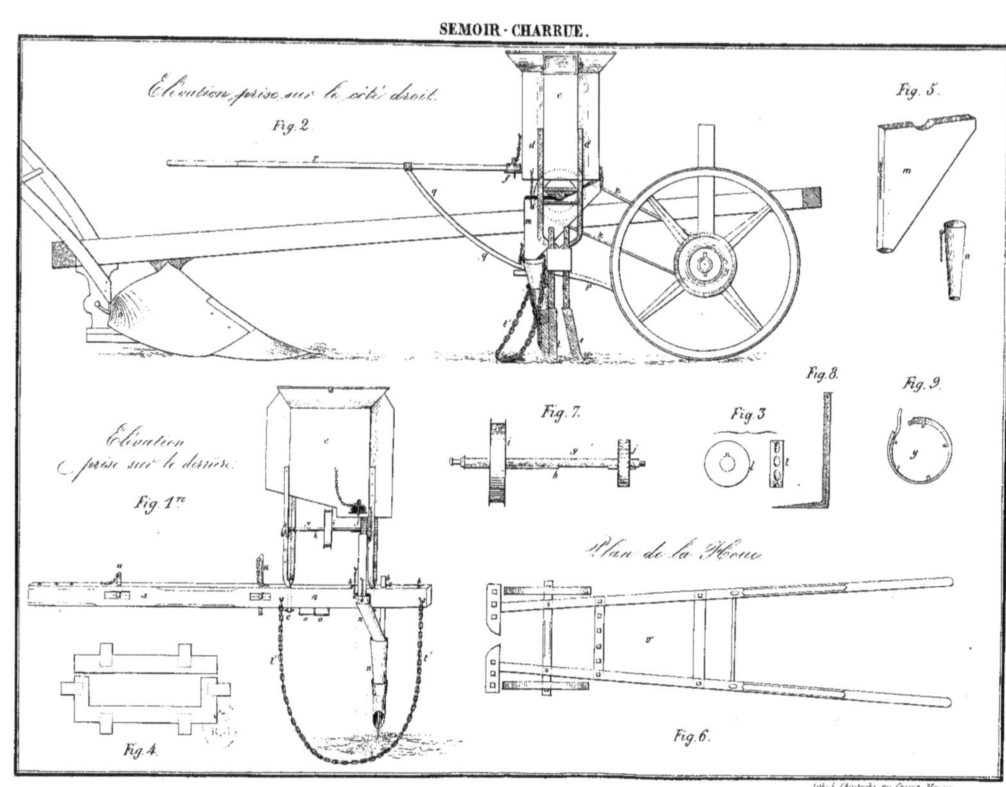

SEMOIR · CHARRUE.
Élévation, prise sur le côté droit.
Fig. 2.
Fig. 5.
Élévation prise sur le derrière.
Fig. 1re
Fig. 7.
Fig. 8.
Fig. 3.
Fig. 9.
Plan de la Houe.
Fig. 4.
Fig. 6.
Lith. L. Christophe, au Casino, Nancy.